ÜBER DAS LICHT

Rede,
gehalten beim Antritt des Rektorats
der Ludwig-Maximilians-Universität
zu München am 16. Oktober 1948

von

Dr. rer. nat. WALTHER GERLACH
Professor für Experimentalphysik

1 9 4 8

LEIBNIZ VERLAG MÜNCHEN
BISHER R. OLDENBOURG VERLAG

MÜNCHNER HOCHSCHULSCHRIFTEN

7

Walter Gerlach, geboren am 1. 8. 1889 in Biebrich am Rhein.

Copyright 1948 by Leibniz Verlag (bisher R. Oldenbourg Verlag) München.
US-E-179. 1. Auflage 1948. Auflagenhöhe: 1200.
Satz und Druck: Werkdruckerei der Fränkischen Landeszeitung GmbH., Ansbach.

Wär' nicht das Auge sonnenhaft,
Die Sonne könnt' es nie erblicken;
Läg' nicht in uns des Gottes eigne Kraft,
Wie könnt' uns Göttliches entzücken.

Hochverehrte Gäste!

Freunde, Kollegen und Kommilitonen unserer Alma mater!

Eine alte akademische Sitte verlangt, daß das Thema der Rede bei einer akademischen Festlichkeit dem Fachgebiet des Hochschullehrers entnommen sein soll. Je größer der Gegensatz zwischen der inneren Ruhe des Lebensbereiches der Wissenschaft und dem turbulenten Treiben des äußeren Lebensgeschehens wurde, desto häufiger verließ man diese Tradition — in dem Bestreben, die allgemeinen Zusammenhänge zwischen Universität und Wissenschaft und jenem äußeren Lebensgeschehen darzustellen. Die erste und höchste Aufgabe des Professors ist es aber doch, durch Vermehrung des Wissens auf seinem eigenen Arbeitsgebiet die Tiefe der Erkenntnis zu erweitern, dadurch zur Vervollkommnung des menschlichen Geistes beizutragen und hiervon Kunde zu geben. Die Pflege aller Betätigungsgebiete des Geistes ist durch ihre Verbindung in der Universität gegeben. Seine zweite Aufgabe als Hochschullehrer ist die Erziehung der Studenten zu der Denkweise, welche sich in dem von ihm und ihnen gewählten Aufgabenbereich bewährt hat. Daß hierdurch etwa der Geist nur „wohl dressiert, in spanische Stiefeln eingeschnürt, daß er bedächtiger so fortan hinschleiche die Gedankenbahn" — dies ist um so sicherer vermieden, je aktiver er auch als Forscher tätig ist. Wenn der Lehrer auf dem Boden bleibt, den er wirklich kennt und den er selbst beackert, dann werden auch die ethischen Werte dieser Geistesbildung als echtes Gut auf die Jugend übergehen. Wer einmal verstanden hat, welche g e i s t i g e Haltung auf einem Gebiet zum wirklichen Fortschritt führte, dem wird dieses auch eine Richtschnur für seine m e n s c h l i c h e Haltung sein.

Die Gelegenheit, die Fortschritte der Erkenntnis auf einem Gebiet meines Faches vor einem Kreis von Anhängern und Angehörigen der Universität zu zeigen und zu begründen, nehme ich gerne wahr. Ich will sprechen

ÜBER DAS LICHT

Das Licht, welches uns die Sonne spendet, erhält unser Leben; durch Licht werden Pflanzen aus Kohlensäure und Wasser aufgebaut. Das Licht vermittelt dem Menschen den weitaus größten Teil seiner Erfahrungen über die Umwelt; durch ihr Licht erkennt er die fernsten Welten; das Licht ist unentbehrlich für Kultur und Zivilisation. Der Ablauf des tierischen und menschlichen Lebens wird durch den periodischen Wechsel des Lichts in Tag und Nacht geregelt; das Licht ist einer der wesentlichen psychischen Faktoren in unserem Dasein. —

Was ist Licht und warum hat es diese Wirkungen, diese Bedeutung, — das ist die Frage, welche die Physik stellt. Es ist merkwürdig, daß sie so spät gestellt wurde; aus frühen Zeiten sind uns nur einige wenige sonderbare Vorstellungen über das Sehen übermittelt; nicht einmal unter den „Elementen" des Altertums tritt das Licht auf. In den eindrucksvollen Himmelslichterscheinungen sah man das Wirken von Gottheiten, deren Natur eben das Leuchten war.

.Das physikalische Problem wurde erst zu Beginn der Neuzeit gesehen: Es bedurfte hierzu der Klärung des naturwissenschaftlichen Forschungsbegriffes durch Galilei, mit dem Grimaldi, Huygens, Hooke und Newton in der zweiten Hälfte des 17. Jahrhunderts die Physik des Lichtes mit der Frage nach dem W e s e n des Lichtes begründeten. Zu Beginn des letzten Jahrhunderts wurden die W i r k u n g e n des Lichts phänomenologisch studiert, Mitte und Ende des Jahrhunderts trat das Problem der E n t s t e h u n g des Lichtes in den Vordergrund des Interesses. An der Wende zu unserem Jahrhundert, im Jahre 1900, schuf Max Planck in der Quantentheorie die gemeinsame Grundlage für die drei Teilprobleme des Lichtes und gleichzeitig den Schlüssel, mit welchem Niels Bohr den Bau der Atome und Moleküle unserem geistigen Auge erschloß. Ein großer Teil unserer Erkenntnisse über die Materie, welche die Entwicklung von Physik und Chemie bestimmten, welche für Biologie und Medizin, Astronomie und Astrophysik grundlegend wurden, beruht auf der Quantentheorie des Lichts und des Leuchtens.

―――――

Die ersten Versuche, das Wesen des Lichtes zu verstehen, führten zur Ansicht, daß das, was wir als Lichtstrahlen bezeichnen, Schwingungen sein müssen, die von der Lichtquelle ausgehen. Aber es konnten keine materiellen Schwingungen sein, wie die Schallschwingungen; diese pflanzen sich durch alle materiellen Körper fort, durch Luft mit 330 Meter, durch Wasser mit 1500 Meter, durch Glas und durch Stahl mit 5000 Meter je Sekunde; durch den luftleeren Raum geht kein Ton hindurch, die Musik der Sphären hat noch niemand mit dem Ohr empfunden. Ganz anders das Licht: es durchdringt den materiefreien Raum widerstandslos mit der größtmöglichen Geschwindigkeit von 300 000 Kilometer je Sekunde, durch Wasser läuft es mit 225 000, durch Glas mit rund 200 000 km pro sec; durch Metalle und viele andere „undurchsichtige" Körper geht es aber überhaupt nicht hindurch. Allein diese Gegenüberstellung zeigt, daß Schall- und Lichtschwingungen ganz verschiedenartige Vorgänge sein müssen.

Die Schallschwingungen werden durch die Angabe der Schwingungszahl, die Frequenz des Tones charakterisiert: das ist die Anzahl der Schwingungen, die etwa ein Luftteilchen in einer Sekunde ausführt, wenn ein bestimmter Ton über dasselbe hinwegstreicht: die Frequenz der hörbaren Töne liegt zwischen rund 20 — tief — und 20 000 — hoch —; der Normalton unserer Musikinstrumente, der Kammerton, kommt durch 435 Schwingungen je sec. zustande; mit geeigneten Methoden macht man diese materiellen Schwingungen sichtbar.

Die Frequenzen der Lichtschwingungen sind methodisch ähnlich meßbar, wie die der Schallschwingungen — nur sehen wir diese Lichtschwingungen nicht! Ein von stärkster Lichtenergie durchstrahlter Raum — wie das Weltall — ist dunkel, was wir in jeder klaren Nacht feststellen können. Der Tageshimmel ist nur blau und hell, weil das Sonnenlicht durch die materiellen Bestandteile der Atmosphäre abgelenkt wird — wir sehen nicht das durch die Atmosphäre gehende Licht, sondern die beleuchtete Atmosphäre. Nur wenn das Licht in unser Auge fällt, sehen wir es; aber dabei vernichten wir den Lichtstrahl, er bleibt gewissermaßen in unserem Auge stecken und seine Energie liefert die Lichtempfindung.

Mit physikalischer Methode ist die Frequenz der Lichtschwingungen ermittelbar; sie beträgt einige 100 Billionen pro Sekunde oder — in einer im Rundfunk gebräuchlichen Einheit — einige 100 Millionen Megahertz. Ebenso wie die verschiedenen Töne verschiedene Frequenzen haben, haben auch die verschiedenen Farben verschiedene Frequenzen: Das tiefste Rot 360 Billionen Hertz und das dunkelste Violett 720 Billionen Hertz; das Rot ist also ein tiefer „Lichtton", das Violett ein hoher.

Niemand aber konnte ermitteln, was diese Lichtschwingungen ausführt; nur die negative Aussage, daß es keine materiellen Schwingungen sind, konnte die Physik begründen. Zuerst dachte man an longitudinale, dann an transversale Schwingungen eines ganz eigenartigen, überall vorhanden gedachten Mediums, des Lichtäthers; aber dieser konnte nicht nachgewiesen werden. Zu Beginn unseres Jahrhunderts lieferte die Relativitätstheorie den Beweis für seine Nichtexistenz und seine Nichterforderlichkeit für die Fortpflanzung transversaler Schwingungen.

Eine sehr eigenartige Theorie des Schwingungsvorganges hatte nämlich 1862 James Clerk Maxwell entwickelt: das Licht, der Lichtstrahl sollte eine Folge von periodischen, miteinander gekoppelten elektrischen und magnetischen Vorgängen im Raum sein, nicht an Materie gebunden, aber durch Materie beeinflußbar. Heinrich Hertz konnte durch makroskopische elektromagnetische Versuche diese transversalen elektromagnetischen Schwingungen erzeugen; es sind die heute als drahtlose Wellen bezeichneten Schwingungsvorgänge im Raum; sie haben gleiche Eigenschaften wie das Licht, aber Frequenzen von nur einigen Tausenden oder von Millionen Hertz, also viel, viel weniger als die Lichtschwingungen von einigen Hundert Billionen pro Sekunde.

Man nennt eine Folge von Schwingungen gleicher Art, aber verschiedener Frequenz ein „Spektrum". Man erkannte, daß zwischen dem „Spektrum" der drahtlosen Wellen und dem Spektrum des sichtbaren Lichts überhaupt kein anderer Unterschied besteht als der ihrer Schwingungszahlen. Heute kennt man noch viel mehr solche Schwingungsgruppen, die sich lückenlos aneinander schließen; das gesamte e l e k t r o m a g n e t i - s c h e S p e k t r u m von den Radiowellen über die Kurz- und Ultrakurzwellen, die ultraroten Strahlen, das Gebiet des sichtbaren Lichtes, die ultravioletten Strahlen, bis zu den Röntgenstrahlen. Das alles sind nur Namen für völlig gleichartige Schwingungsvorgänge, nur unterschieden und unterscheidbar durch ihre Frequenzbereiche.

In diesem elektromagnetischen Spektrum ist das, was unser Auge allein als die Farben des Regenbogens wahrnimmt, ein ganz winziger Teil, man sollte denken ein vernachlässigbar kleiner Bereich. *Warum sieht unser Auge nur einen so verschwindenden Frequenz-Bereich des elektromagnetischen Spektrums,* wenn doch alle diese Schwingungen nach physikalischer Aussage gleichartig sein sollen? Warum sieht unser Auge gerade d i e s e n kleinen Frequenzbereich? Eine Antwort derart, daß eben unser Auge nur auf diese Frequenzen anspricht, ist eine Beschreibung und keine Lösung.

Aber noch mehr Fragen drängen sich uns auf: warum senden denn unsere Lichtquellen nur den Frequenzbereich aus, welchen unser Auge empfindet? Es kann doch wohl keine Abhängigkeit zwischen Glühlampe und Auge bestehen? Daß eine Glühbirne weder Radiowellen noch Röntgenstrahlen aussendet, hat man festgestellt. Die seit 150 Jahren bekannte Tatsache, daß unsere Lichtquellen außer den sichtbaren Frequenzen auch noch etwas ultrarote und ultraviolette Strahlen aussenden, spielt hier nur eine untergeordnete Rolle, weil deren Frequenzen nur wenig von den sichtbaren verschieden sind.

Und noch eine tiefere Frage wollen wir aufzeigen. Das Licht wurde mit Beginn dieses Jahrhunderts das wichtigste Mittel für die Erforschung der atomistischen Struktur der Materie. Wie kommt es, daß eine so ganz kleine Gruppe von Schwingungen aus einem weit ausgedehnten Spektrum eine solch überragende Bedeutung hat, daß mit ihrer Hilfe und s o g a r n u r m i t i h r e r H i l f e die Analyse von Atom- und Molekülbau möglich war?

Es ist leicht einzusehen, daß Untersuchungen über die Natur der Schwingungen keine Lösung dieser Fragen bringen können, wenn einmal die Gleichartigkeit der Schwingungen des gesamten Spektrums festgestellt ist. Die Beantwortung ging auch von einer ganz anderen Gruppe von Experimenten aus: von Versuchen über Entstehung und Wirkung des Lichts. Man fand, daß es nur zwei wesentliche Gruppen von Leuchterscheinungen gibt: die erste ist gegeben durch die Temperatur des Strahlers, fast ganz unabhängig von seiner materiellen Struktur. Das ist die Strahlung z. B. unserer Glühlampen oder des geschmolzenen Eisens, auch im wesentlichen die Strahlung der Sonne. Ihr Spektrum ist ein kontinuierliches Frequenzband mit all den Farben, die uns — analysiert durch die Wassertröpfchen von Regenwolken — im Regenbogen erscheinen.

Etwas ganz anderes erhält man aber, wenn nicht feste oder flüssige Körper, sondern Gase, d. h. nicht miteinander verkoppelte Atome oder Moleküle zum Leuchten gebracht werden; man kennt die Erscheinung von den in verschiedenen Farben leuchtenden Reklamelampen; die Gase senden nur einzelne, diskrete Frequenzen aus — welche, das ist wesentlich abhängig von der Art des Gases. Helium leuchtet in anderer Farbe als Quecksilber, beide anders als Eisendampf.

Die erste Leuchterscheinung, der Zusammenhang der Strahlung mit der Temperatur wurde 1900 durch Max Planck aufgeklärt. Die aus dem täglichen Leben so wohlbekannte Tatsache, daß ein Körper zunächst rot, bei höherer Temperatur gelb, schließlich grünlich und dann weiß glüht, d. h. bei h ö h e r e n T e m p e r a t u r e n immer h ö h e r e F r e q u e n - z e n aussendet, die sich in unserem Auge zu diesen Farben mischen, diese Tatsache ist nur mit der Annahme zu verstehen, daß die Strahlungsenergie sich aus L i c h t q u a n t e n, Korpuskeln der Strahlung oder P h o - t o n e n zusammensetzt; d i e E n e r g i e j e d e s e i n z e l n e n P h o - t o n s h ä n g t n u r v o n s e i n e r F r e q u e n z a b u n d w i r d m i t w a c h s e n d e r F r e q u e n z g r ö ß e r. Bei den Temperaturen unserer Lichtquellen liegen die ausgestrahlten Frequenzen gerade in dem Bereich, auf welchen unser Auge anspricht. Das ist die wunderbare, in ihren Wurzeln noch immer geheimnisvolle, so unendlich fruchtbare und erfolgreiche Quantentheorie der Strahlung. Sie brachte eine neue Denkweise; sie lehrte uns etwas denken, was wir vorher nicht denken konnten. Doch wollen wir uns auf ihren Einfluß auf die Lösung unserer speziellen Fragen beschränken.

Jede Strahlung, also auch das Licht, ist nicht mehr schlechthin eine elektromagnetische Schwingung, welche von der Lichtquelle nach allen Seiten ausgestrahlt wird wie der Schall einer angeschlagenen Glocke; sie erscheint uns vielmehr aus Energiequanten zu bestehen, aus Photonen, welche mit Lichtgeschwindigkeit geradlinig von der Lichtquelle nach allen Richtungen fortfliegen; jedes Photon ist aber mit einem elektromagnetischen Schwingungsfeld gekoppelt, dessen Frequenz zahlenmäßig die Energie des Photons liefert. Stellen Sie sich vielleicht vor: Ein Blitz erzeugt in weitem Umkreis ein magnetisches Kraftfeld; aber der Baum wird nur von dem die Energie tragenden Blitze selbst zersplittert. Freilich hinkt dieser Vergleich, man braucht sich auch gar keine Mühe zu geben, diesen Zusammenhang von Quant und Schwingungsfrequenz „anschaulich zu verstehen". Das ist mit unserer mechanisch-materiellen Gewöhnung des täglichen Lebens grundsätzlich nicht möglich. Eben deshalb ist ja die Quantentheorie etwas Neues. Und gerade w e i l sie nicht in das alte Denksystem hineinpaßte, wurde sie von allen Seiten a u f gegriffen; und deshalb ergab sich so bald neben der Richtigkeit dieser Theorie die gewaltige Erweiterung und Vertiefung unserer Einsichten in die Natur.

Wir wollen ein Beispiel kennenlernen: die chemische Arbeitsleistung des Lichtes oder die Photochemie; man versteht hierunter chemische Reaktionen, welche durch Lichtwirkung zum Ablauf gebracht werden, z. B. der photographische Prozeß. Im Bromsilberkorn der Photoplatte muß durch das Licht e i n Silberatom von dem mit ihm verbundenen Bromatom abgetrennt werden, dann kann der Entwickler angreifen. Für diese Trennung der chemischen Bindung ist Energie erforderlich. Ein über das unvorstellbar kleine Molekül hinwegstreichender Wellenzug würde niemals die erforderliche Trennungsenergie bringen können, welche man aus chemischen Versuchen genau kennt. Im Strahlungsquant, im Photon ist aber die Strahlungsenergie in molekularen Dimensionen angehäuft; jedes Photon, das auf ein Bromsilberkorn auftrifft, kann e i n Silberatom freimachen; d i e s e P h o t o n e n e n e r g i e , b e r e c h n e t n a c h P l a n c k a u s s e i n e r F r e q u e n z , i s t g e r a d e s o g r o ß w i e d i e c h e m i - s c h e B i n d u n g s e n e r g i e .

Rotes Licht hat eine relativ kleine Frequenz, deshalb eine kleine Photonenenergie, es beeinflußt die Photoplatte nicht, weil die Energie kleiner ist als die erforderliche Trennungsenergie; bei rotem Licht kann man das entwickeln, was durch das energiereichere blaue Licht zersetzt wurde. — Ultraviolettes Licht hat eine noch höhere Frequenz als violettes Licht, d e s h a l b kann es mehr chemische Arbeit leisten. Seine Energie kann sogar zu groß sein: Die Zerstörung der Haut im Gletscherbrand, die Verbrennungen mit der künstlichen Höhensonne sind Beispiele hierfür.

———

Hiermit haben wir den größten Schritt zur Lösung unserer Fragen schon gemacht. Der primäre Vorgang des Sehens ist auch eine photochemische Reaktion, eine chemische Änderung im lichtempfindlichen Teil des Auges, welche sich in der Dunkelheit wieder zurückbildet. Diese Reaktion kann nur mit der von ihr benötigten Energie bewirkt werden. Die Größe dieser erforderlichen Energie haben nach der Planckschen Theorie nur die Photonen e i n e r bestimmten Frequenzgruppe des elektromagnetischen Spektrums — d i e s e ist d e s h a l b das sichtbare Spektrum, unser „Licht". Die kleineren Frequenzen der ultraroten Strahlung haben eine zu kleine Quantenenergie zur Anregung dieser photochemischen Reaktion im Auge, sie sind unsichtbar. Die größere Quantenenergie der ultravioletten Frequenzen würde die Sehsubstanz zerstören. Dasselbe gilt für die photochemische Assimilation der Kohlensäure im Wachstumsprozeß der Pflanzen. Auch sie ist nur durch das „sichtbare" Licht möglich.

Wäre es nun denkbar, daß es eine Welt mit anders gebauten Molekülen gäbe, welche durch die kleinen ultraroten oder die großen ultravioletten Quanten in gleicher Weise zur Reaktion gebracht würden, wie die Moleküle unserer organischen Wesen durch das sichtbare Licht? Auf diese Frage gibt uns die Quantentheorie der zweiten eingangs genannten Strahlung die Antwort, der Strahlung der isolierten Atome und Moleküle. Diese können z. B. durch Zufuhr elektrischer Energie zur Emission angeregt werden. Ihre Strahlung besteht nur aus einigen bestimmten Frequenzen, ihr Spektrum ist ein „Lichtakkord", nicht ein „Lichtlärm". Diese Frequenzen liegen hauptsächlich im sichtbaren Spektrum (und den unmittelbar anschließenden Teilen der ultraroten und ultravioletten Bereiche). Die ausgestrahlten Quanten- oder Photonenenergien müssen nach dem Energiesatz aus gleichgroßen Energieänderungen der Atome stammen. Diese Energieänderungen sind aber grundsätzlich von gleicher Größenordnung wie die chemischen Bindungsenergien zwischen den Atomen in den Molekülen. In der materiellen Welt, welche aus den uns bekannten Atomarten besteht, gibt es also grundsätzlich auch keine Molekülarten, welche durch wesentlich energieärmere Photonen zur Reaktion gebracht werden könnten; und es gibt auch keine organischen Moleküle, welche durch wesentlich energiereichere Photonen nicht irreversibel verändert oder zerstört würden.

Die diskreten Frequenzen, welche Atome und Moleküle aussenden, sind für die betreffenden Atom- und Molekülarten ganz charakteristisch. Nach der Quantentheorie bedeutet dieses, daß jede Atomart nur bestimmte Energien ausstrahlen, also nur bestimmte Energieänderungen ausführen kann. Diese liefern die Unterlagen für die Konstruktion der „Atom- und Molekülmodelle". Da die Frequenzen hauptsächlich dem sichtbaren Spektralbereich angehören, konnten mit dessen Hilfe so viele Daten über den Bau der verschiedenen Atom- und Molekülarten ermittelt werden.

––––––––

Auf dem Boden der Quantentheorie finden wir also eine einheitliche Antwort auf unsere Fragen. Die Quantenenergie des sichtbaren Lichtes, die möglichen Energieänderungen der Atome und die Bindungsenergien der Moleküle liegen im gleichen Größenbereich. Weil die Atome und Moleküle nur Energien bestimmter Größe aufnehmen können, und weil diese gleich den Photonenenergien des sichtbaren Spektrums sind, kann mit diesen die Analyse ihres Aufbaus, ihrer Konstitution durchgeführt werden. Eine Welt aus den organischen Substanzen unserer Flora und Fauna kann nur unter und mit diesem kleinen Bereich des elektromagnetischen Spektrums leben; andersartige Moleküle können sich aus den Atomen unserer Welt nicht bilden. In Sonderheit die primäre photochemische Reaktion des Sehvorganges kann nur durch die Photonenenergie dieses kleinen Spektralbereichs zum Ablauf gebracht werden.

Die Sonne hat gerade die Temperatur, daß der größte Teil ihrer Strahlung aus den Quanten besteht, auf welche allein die Sehsubstanz des Auges reagieren kann. Im Licht der Sonne ist nur unsere Welt möglich — unsere Welt kann nur mit unserer Sonne als Quantenenergiespenderin leben.

––––––––

Goethe stieß bei der Beschäftigung mit der Farbenlehre auch auf unser Problem. Seine herrliche dichterische Antwort

„Wär' nicht das Auge sonnenhaft,
Die Sonne könnt' es nie erblicken"

erhält eine reale physikalische Deutung; präziser, vielleicht weniger poetisch würde er jetzt sagen:

„Wär' nicht das Auge quantenhaft,
Der Sonne Quanten könnt' es nie erblicken."

––––––––

10

Es bleibt noch die Frage nach der psychischen Bedeutung des Lichtes, der angenehmen, der anregenden, der abstoßenden Wirkung von Farben und Farbenkombinationen. So gut ich weiß, daß man eine Brucknersche Symphonie restlos nach Frequenz, Intensität und Dämpfung der Tonschwingungen analysieren kann und daß das Gehörorgan aller Menschen n u r auf diese Größen anspricht, — so sicher weiß ich auch, daß Musik für sehr viele von uns doch etwas ganz anderes bedeutet. Damit ist die Antwort auf unsere Fragen nach dem Einfluß von Licht und Farbe auf die Psyche gegeben: Diese Fragen betreffen keine von der Physik lösbaren Probleme, weil die Möglichkeit der objektiven Messung, der objektiven Wertung fehlt; deshalb kann man ja auch über sie verschiedener Ansicht sein und sogar streiten!

Ich habe versucht, Ihnen zu zeigen, wie die Physik aus der Bearbeitung einer zunächst sehr speziellen Frage zwangsläufig zu weitgehenden Erkenntnissen gelangt. Im einzelnen handelt es sich um schwierige, ein gehöriges Maß von Abstraktion verlangende Überlegungen, denen aber stets die scharfe Kandare des Experiments und der messenden Beobachtung der Naturvorgänge angelegt ist. Es kam mir darauf an, an dem allen bekannten „Licht" Ihnen eine solche Problementwicklung etwas nahezubringen — „und wenn ich etwas gesagt habe, was nicht ganz dem Amtsstil entspricht, so haltet es den Sitten der Physiker zugut" —, diese captatio benevolentiae, die Johannes Kepler bei ähnlicher Gelegenheit erbat, möchte auch ich in Anspruch nehmen.

Lassen Sie mich aus dem Gesagten noch einige allgemeinere Folgerungen ziehen. So unerläßlich die Vorarbeiten von zweieinhalbhundert Jahren auch waren — die Lösung des Lichtproblems erfolgte in den ersten fünfundzwanzig Jahren unseres Jahrhunderts. Welches waren die Gründe, welches waren die Bedingungen, die diese schnelle Entwicklung in ihrer erstaunlichen Weite und Tiefe ergaben?

Nicht ein einziges Mal kam der Anstoß von äußeren, menschlichen Wünschen; Idealismus war die Triebfeder, Erkenntnis war das Ziel, ein tiefes Verstehen der Natur war der Erfolg der Arbeit; die Methode aber war die seit Galilei entwickelte „exakte Naturwissenschaft": die messende Beobachtung, die Bildung einer Hypothese, ihre Prüfung durch Fragen an die Natur mittels des Experiments — und dies alles solange wiederholt, bis sich eine einheitliche, in sich widerspruchslose, von menschlichen Einflüssen möglichst befreite Theorie ergibt. Zum Unterschied gegen die Aufgabe der Philosophie sucht die Physik den Menschen soweit als möglich auszuschalten. Das hat G o e t h e ganz scharf formuliert: „Das ist eben das größte Unheil der neueren Physik, daß man die Experimente gleichsam vom Menschen abgesondert und bloß in dem, was künstliche Instrumente zeigen, die Natur erkennen ... will."

Nun — dieses größte Unheil, diese Objektivierung hat gerade den Menschen befähigt, hie und da die Natur eines Schleiers zu berauben. Und daß er nicht Traumgebilde sah, beweisen schließlich die technischen Verfahren, die doch tatsächlich so funktionieren, wie man aus diesen objektiven Messungen mit künstlichen Instrumenten errechnet hat.

Die Physik setzt sich selbst hiermit gleichzeitig auch die Grenzen ihres Wirkungsbereiches. Nur was in dem Sinne des Goetheschen Ausspruches objektivierbar ist, ist Physik und liefert Wege zum Erkennen der p h y s i k a l i s c h e n Natur, zum p h y s i k a l i s c h e n Weltbild. Physikalische Methoden werden allerdings auch auf ganz anderen Gebieten mit größtem Erfolg angewendet, ich erinnere nur an die Biologie; man muß sich aber hüten, die Ergebnisse dann für biologische Ergebnisse zu halten. Nur die physikalischen Teile der Biologie werden so erschlossen. Physikalische Methode und Denkweise können nur zu physikalischen Ergebnissen führen; anderenfalls hat man einen Denkfehler gemacht.

Diese Objektivierung hat aber noch eine andere allgemeinere Bedeutung. Die Natur hängt nicht vom Menschen ab und richtet sich nicht nach seinen Wünschen. Bestand haben deshalb nur die Folgerungen, welche richtig sind, welche der Natur entsprechen. Eine falsche Behauptung kann sich nicht halten. Hier gibt es keinen Streit um Programme, keine Parteien, keine Abstimmung, ob richtig oder falsch: die Natur entscheidet, was wahr ist. Falsches und Unsachliches fällt von selbst zusammen. Dies führt geradezu zwangsweise zu Ehrlichkeit, aber auch zu Unvoreingenommenheit und zu Aufgeschlossenheit für neue Ideen. Und hierin sehe ich den Hauptgrund für den schnellen Fortschritt. Wer die letzten Jahrzehnte miterlebte, der kennt die schnelle Folge der neuen Ideen: 1900 die Quantentheorie der Strahlung, 1905 die Relativitätstheorie, 1907 die Photonentheorie, 1913 die Quantentheorie des Atombaus, 1917 das Korrespondenzprinzip, 1924 die Wellenmechanik — um nur das zu nennen, was für die Entwicklung des Lichtproblems unmittelbar entscheidend war. Hätten nicht die Physiker unvoreingenommen jede neue Idee aufgegriffen, gemeinsam geprüft und fortgeführt, in steter Bereitschaft das Gute, von wo es auch kam, zu fördern, in unbeirrbarem Glauben an die Möglichkeit eines Fortschritts — niemals wäre der Forschung dieser Erfolg beschieden gewesen. Oft war nur ein schwankendes Brett da, das erst befestigt werden mußte, um ein Gebäude darauf zu errichten; dann erwies sich seine Fundamentierung als ungeeignet, man mußte neue Grundsteine suchen und unter das schon im Bau befindliche Haus schieben — nur wer eine solche Entwicklung miterlebte, vermag die Kühnheit solchen Unterfangens zu verstehen.

Es mag manchem mehr als ein geistiges Balancieren, denn als eine systematische Wissenschaft erscheinen; und wenn dieses uns in einigen Punkten wohl an letzte Ursachen führte — wie in dem Planckschen elementaren Wirkungsquantum —, so liegt dies an der Auswirkung der Eigenschaften, die eben zum Balancieren erforderlich sind: Mut, fester Wille, klarer Blick, schnelle Entschlußfähigkeit, zielstrebiger Optimismus und Umsicht bei jedem Schritt. Nehmen Sie hierzu noch die Aufgeschlossenheit zur Aufnahme und die Unvoreingenommenheit bei der Prüfung neuer Ideen, so sind dieses alles m e n s c h l i c h e , also gerade n i c h t - p h y s i k a l i s c h e E i g e n s c h a f t e n , die wir hier als Voraussetzung für den Erfolg erkennen; es sind vor allem die Eigenschaften einer guten Jugend.

Ich will mit keinem Gedanken sagen, daß diese menschlichen Werte in den exakten Wissenschaften wichtiger seien als auf anderen Gebieten, daß sie beim naturwissenschaftlichen Arbeiten eher erworben werden könnten, als bei anderer Betätigung. Ich will aber sagen: Weil auf dem Gebiet der exakten Naturwissenschaft durch die Pflege dieser Eigenschaften die Entwicklung eines geistigen Fortschrittes sichtbar glückte, darum sollte man die Forderung stellen, auch auf anderen Gebieten menschlicher Betätigung es mit der gleichen Methode zu versuchen. — Weil auf abstrakten, von menschlichen Wünschen und Begierden unbeeinflußbaren Gebieten Menschen über alle Grenzen hinweg Hand in Hand sichtlich immer vorwärts streben, daraus sollte man endlich den Zwang ableiten, auch auf anderen Gebieten menschlicher Betätigung den übermenschlichen Gehalt zu suchen, das Gemeinsame zu fördern, statt über das Trennende zu streiten.

Diese Gedanken wollte ich Euch, junge Kommilitonen, für Eure Arbeit, für Euer inneres und äußeres Leben nahebringen.

Suchet das Schöne und Große der Welt und blicket in erstaunender Ehrfurcht in ihr inneres Wesen, in demütiger Dankbarkeit erkennend, daß wir — mit Keplers Worten — die Gedanken des Schöpfers der Welt mit der uns von ihm verliehenen Geisteskraft nachdenken und bewundern k ö n n e n oder wie es im zweiten Verspaar der zitierten Goetheschen Xenie ausgedrückt ist:

„Läg' nicht in uns des Gottes eigne Kraft,
Wie könnt' uns Göttliches entzücken."

Auch Kepler, als Denker und Mensch gleich groß, lebte in einer Zeit wildester Gärung; als im Dreißigjährigen Krieg Ideologien zuliebe Menschen sich schlugen, Kultur- und Zivilisationswerte vernichteten, schuf er geistige Werte in klarem Bewußtsein, daß nur sie von Bestand sind:

„Wenn der Sturm wütet und der Schiffbruch des Staates droht, so können wir nichts Würdigeres tun, als den Anker unserer friedlichen Studien in den Grund der Ewigkeit zu senken."

MÜNCHENER . HOCHSCHULSCHRIFTEN

Bisher sind erschienen:

Hegelscher Machtstaat
oder
Kantsches Weltbürgertum?
Von Dr. Willibalt Apelt

Die technische Hochschule
in ihrer Wandlung
Von Dr. Ludwig Föppl

Das Wesen der Kontinente
Von Prof. Otto Jessen

Das Problem des Künstlerischen
Von Prof. Emil Preetorius

Untergangsphilosophie?
(Von Hegel zu Spengler)
von Dr. Manfred Schröter

Die Reihe wird fortgesetzt

LEIBNIZ VERLAG MÜNCHEN
bisher R. Oldenbourg Verlag

Weitere Bücher aus unserem Verlag:

Erich Ruprecht
DER AUFBRUCH DER ROMANTISCHEN
BEWEGUNG
542 S. 8⁰. Hlw. DM. 20.—

F. W. J. von Schelling
CLARA
oder über den Zusammenhang der Natur mit der Geisteswelt
136 S. 8⁰. Geb. DM. 4.80

Manfred Schröter
METAPHYSIK DES UNTERGANGS
Kulturkritische Studie über Oswald Spengler
272 S. 8⁰. Etwa DM. 10.—

Hermann Uhde-Bernays
MITTLER UND MEISTER
Aufsätze und Studien
318 S. 8⁰. Geb. DM. 10.—

Carl Wehmer
MAINZER PROBEDRUCKE
Ein Beitrag zur Gutenbergforschung
68 S. Format 35,5: 31 cm.
12 Tafeln in Lichtdruck
Bibliophiler Halbleinenband DM. 24.—

LEIBNIZ VERLAG MÜNCHEN
bisher R. Oldenbourg Verlag